ICONOGRAPHIE

DU

GENRE EPILOBIUM

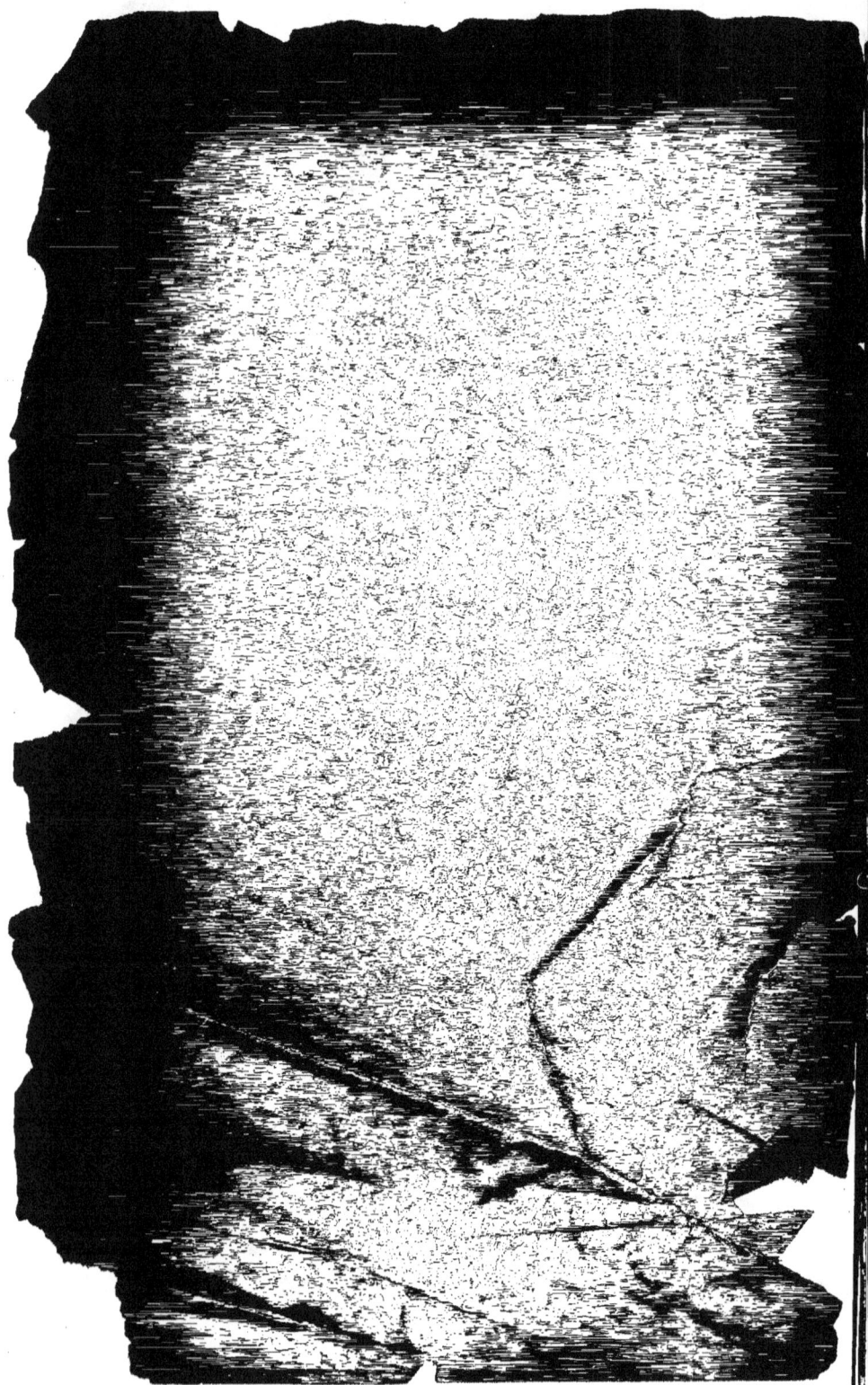

Reginæ florum Mariæ.

ICONOGRAPHIE

DU

Genre Epilobium

a

Exemplaire N°

ICONOGRAPHIE

DU

GENRE EPILOBIUM

Par M. LÉVEILLÉ

Secrétaire perpétuel de l'Académie internationale de Géographie botanique

Dessins de Gonzalve de CORDOUË

LE MANS

IMPRIMERIE MONNOYER

12, PLACE DES JACOBINS, 12

—

1910

PRÉFACE

E travail est le fruit de vingt années d'études. Nous en avons commencé la publication dans le Bulletin de l'Académie internationale de Géographie botanique. Mais la méthode que nous suivons ici est toute différente. Dans le travail précédent, nous donnions de suite notre opinion sur les Epilobes représentés. Ici, nous reproduisons les Epilobes de chaque partie du monde, en indiquant seulement, pour chacun d'eux, le nom de l'espèce, l'herbier d'après lequel il a été représenté et la réduction, s'il y a lieu.

C'est seulement à la fin de chaque partie du monde, que nous indiquerons, dans un texte suivi, comment nous groupons ces espèces et quelle est à nos yeux leur place dans une classification des Epilobes.

Le genre Epilobium est le plus difficile que nous connais-
sions, sans excepter le genre Rubus, car outre des hybri-
des, qu'il est facile de prendre à distance pour des espèces,
il faut compter avec la polymorphie d'une même espèce,
selon que la plante est issue des graines ou des rosettes,
turions ou stolons. Ces derniers organes varient dans une
même espèce.

A noter ici que la forme du stigmate, quand il est
indivis, ne peut donner d'indication utile. Qu'il soit capité,
globuleux ou claviforme, peu importe; la couleur des
graines, leur forme, la présence ou l'absence de papilles,
la taille, le port droit ou couché de la tige, ne peuvent
fournir des caractères spécifiques.

Seuls la division du stigmate et la présence de lignes
sur la tige, peuvent utilement servir à délimiter les espèces.
Hors de là l'aspect de la plante et son port spécial sont
seuls caractéristiques.

Aussi est-il absolument impossible, dans les Epilo-
biums, comme dans les Carex, de se représenter une espèce
d'après sa diagnose.

C'est ce qui nous a déterminé à figurer tous les Epilobes
du globe d'après les échantillons authentiques des grands
Muséums de Berlin, Bruxelles, Copenhague, Herbier
Boissier, Kew, Le Mans (Académie), Paris, Santiago,
Saint-Louis, Saint-Pétersbourg, Tokyo, Vienne, Zürich.
On trouvera notamment tous les types de Haussknecht.

Nous remercions tous les savants Directeurs, Conserva-

teurs de ces importantes collections, d'avoir mis à notre disposition leurs matériaux, et d'avoir, en souscrivant à cette Iconographie, assuré sa publication.

Nous avons eu la bonne fortune de rencontrer un dessinateur de talent, **M. GONZALVE DE CORDOUE**, dont la plume a su reproduire les Epilobes avec vérité et fidélité, qualités que pourront apprécier tous nos savants confrères. Qu'il veuille bien agréer ici nos meilleurs remerciements.

Le Mans, fête de Saint-Julien 1910 (27 janvier).

Epilobes d'Océanie

Epilobium Komarovianum Lévl.

D'après l'herbier de Saint-Louis.
(Grandeur naturelle).

Pl. I. — **Epilobium Boissierii** Lévl.

D'après l'herbier Boissier.
(Grandeur naturelle).

PL. II. — **Epilobium caespitosum** Hausskn.
D'après l'herbier de Kew.
(Grandeur naturelle).

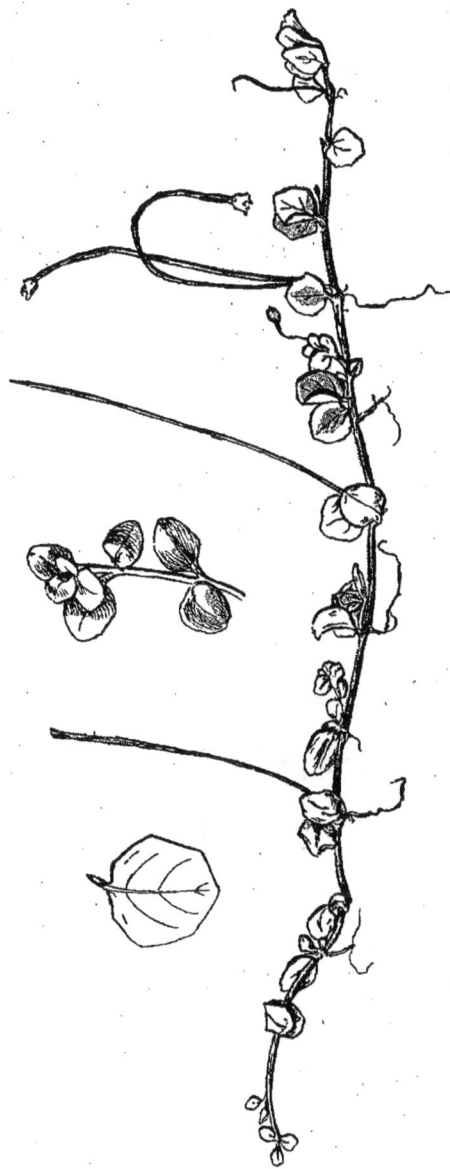

PL. III. — **Epilobium pedunculare** Cunningh.
D'après l'herbier Boissier.

(Grandeur naturelle).

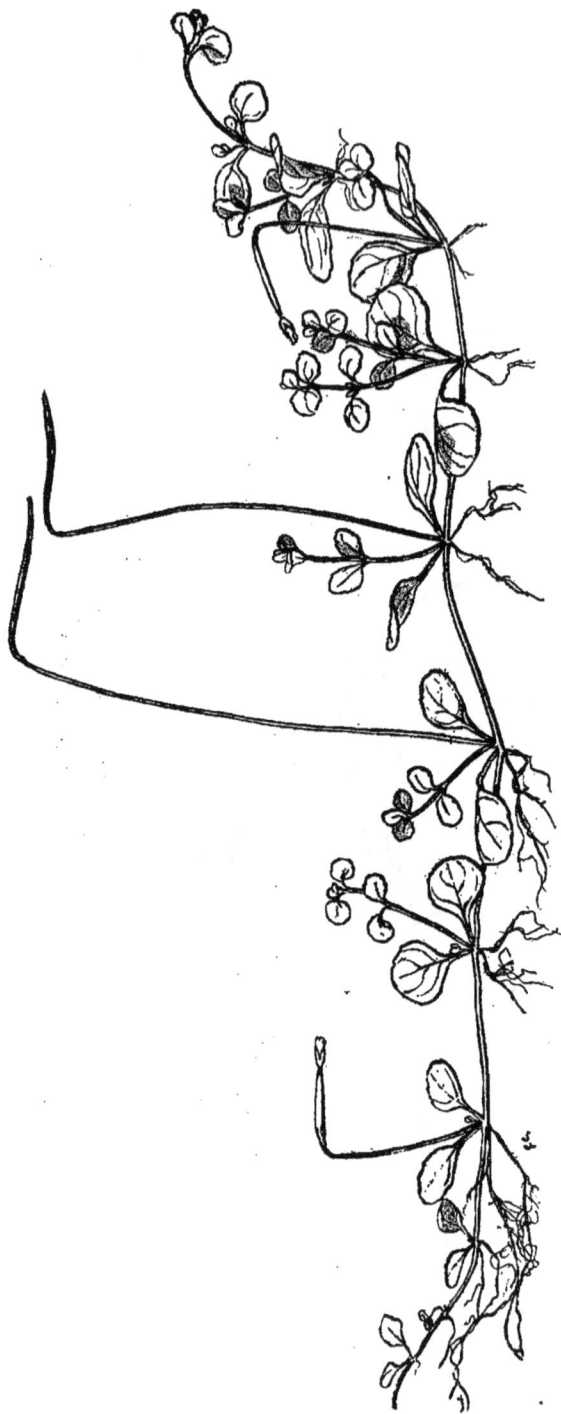

PL. IV. — **Epilobium nummulariifolium** Cunningh.

D'après l'herbier de l'Université de Zürich.

(4/5 de grandeur).

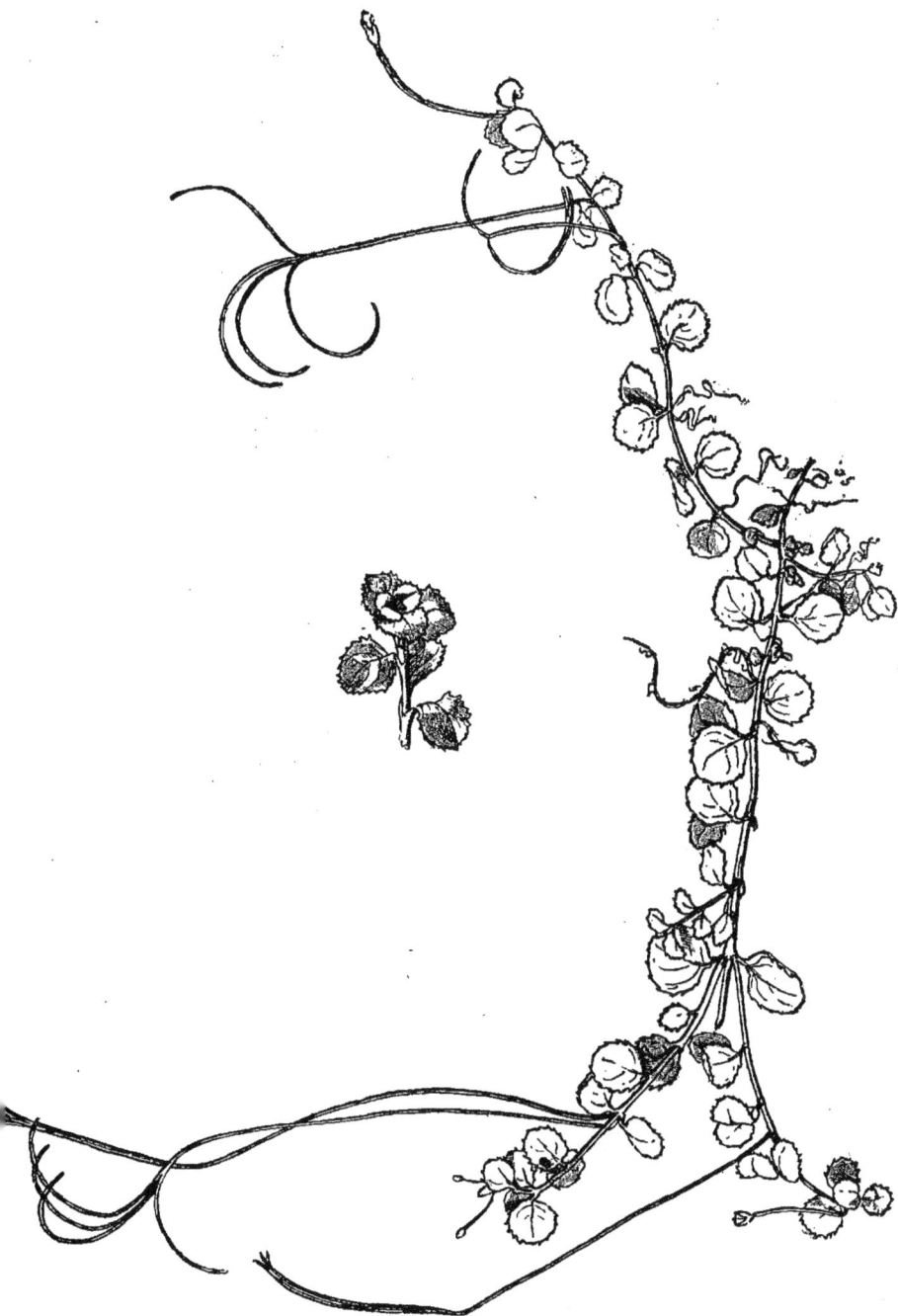

Pl. V. — **Epilobium linnæoides** Hook.

D'après l'herbier de Saint-Louis.

(4/5 de grandeur).

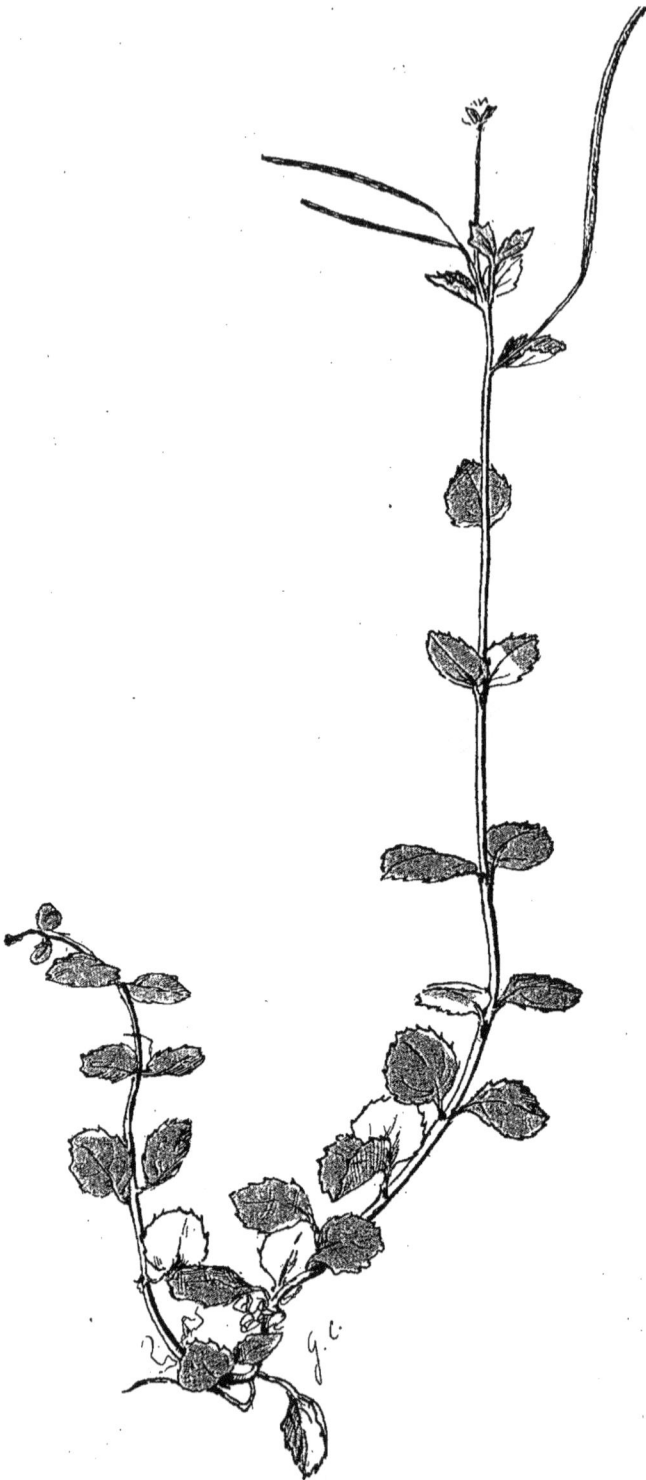

PL. VI. — **Epilobium rotundifolium** Forst.
D'après l'herbier Boissier.
(Grandeur naturelle).

PL. VII. — **Epilobium rotundifolium** Forst.
D'après l'herbier Boissier.
(Grandeur naturelle).

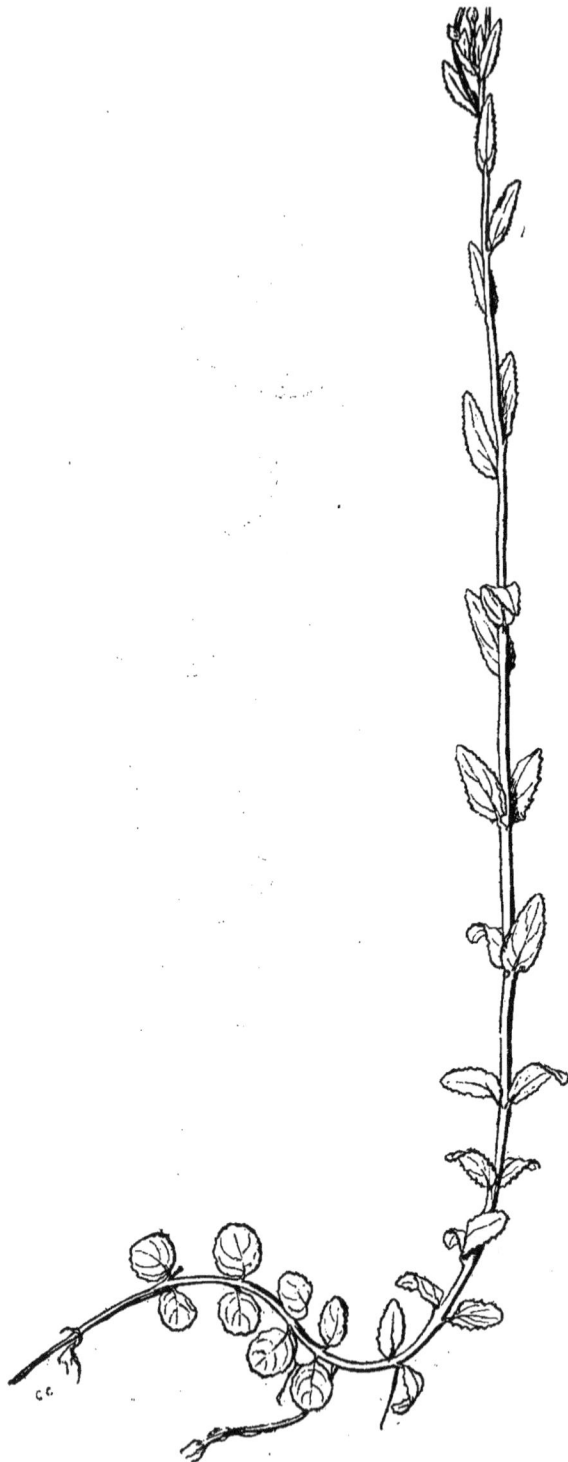

PL. VIII. — **Epilobium diversifolium** Hausskn.
D'après l'herbier de Berlin.
(4/5 de grandeur).

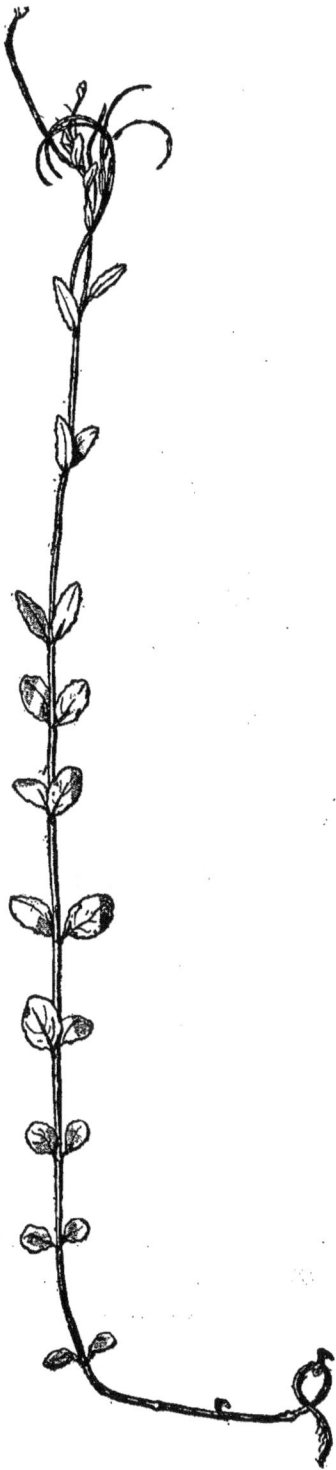

PL. IX. — **Epilobium insulare** Hausskn.
D'après l'herbier de Kew.
(4/5 de grandeur).

PL. X. — **Epilobium pubens** Less. et Rich.
D'après l'herbier Boissier.
(Grandeur naturelle).

Pl. XI. — **Epilobium purpuratum** Hook.
D'après l'herbier de Kew.
(Grandeur naturelle).

Pl. XII. — **Epilobium macropus** Hook.

D'après l'herbier Boissier.

(Grandeur naturelle).

Pl. XIII. — **Epilobium chloræfolium** Hausskn.
D'après l'herbier Boissier.
(Grandeur naturelle)

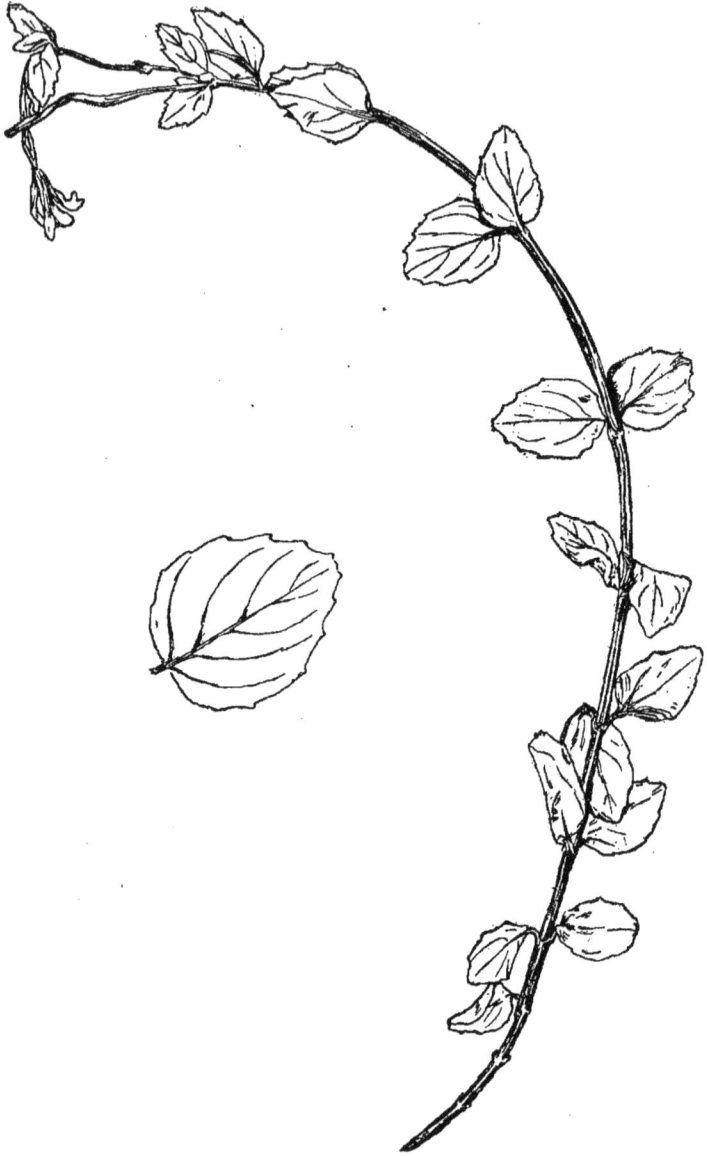

PL. XIV. — **Epilobium chloræfolium** Hausskn.

D'après l'herbier Boissier.

(Grandeur naturelle).

PL. XV. — **Epilobium Billardierianum** Ser.
D'après l'herbier Boissier.
(Grandeur naturelle).

Pl. XVI. — **Epilobium sarmentaceum** Hausskn.
D'après l'herbier Boissier.
(Grandeur naturelle).

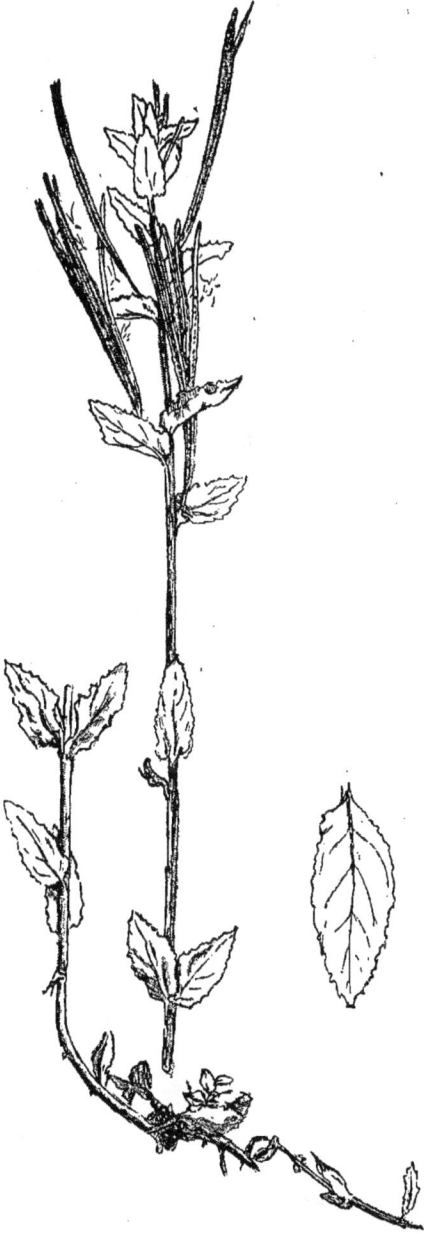

PL. XVII. — **Epilobium erosum** Hausskn.

D'après l'herbier Boissier.

(Grandeur naturelle).

PL. XVIII. — **Epilobium hirtigerum** Cunningh.

D'après l'herbier de Kew.

(2/3 de grandeur).

PL. XIX. — **Epilobium Gunnianum** Hausskn.

D'après l'herbier de Vienne.

(4/5 de grandeur).

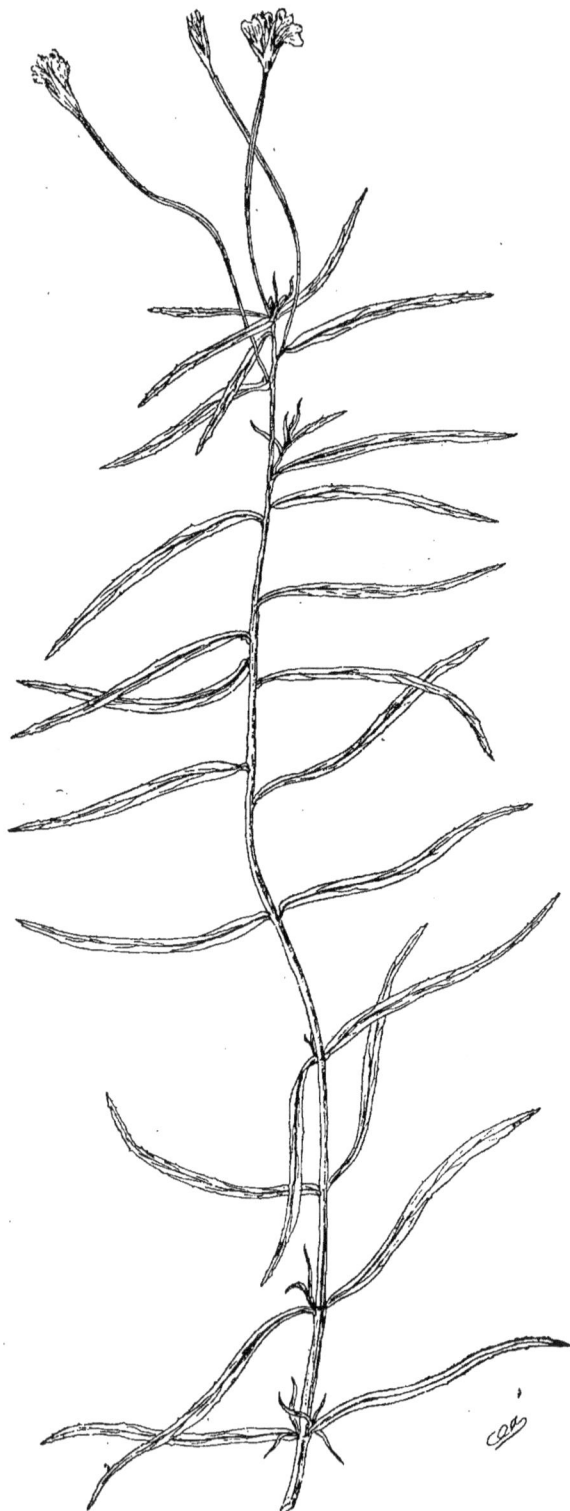

PL. XX. — **Epilobium pallidiflorum** Sol.
D'après l'herbier de l'Académie de Géographie botanique.
(Grandeur naturelle).

Pl. XXI. — **Epilobium Muelleri** Lévl.

D'après l'herbier de l'Académie de Géographie Botanique.

(4/5 de grandeur).

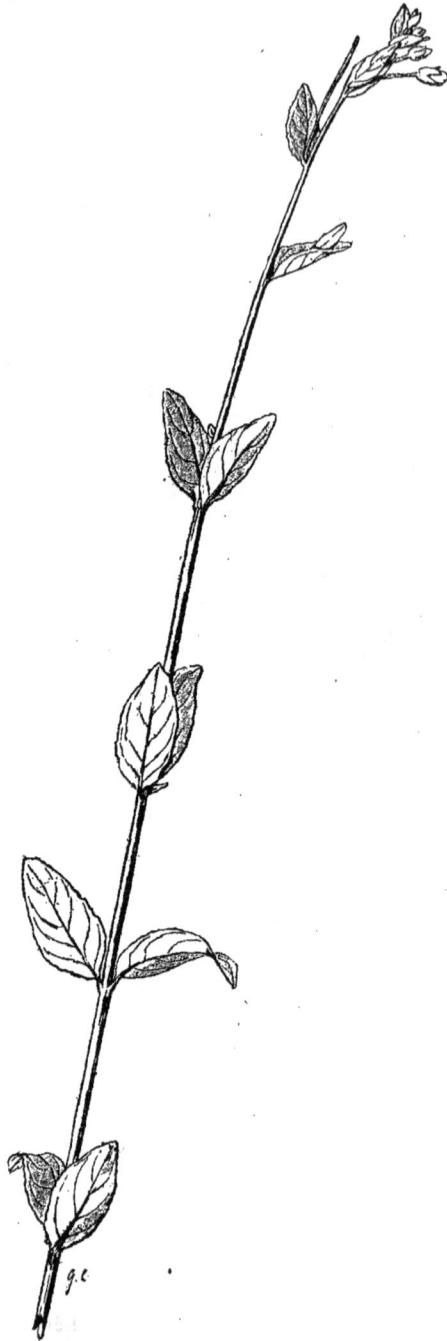

PL. XXII. — **Epilobium chionanthum** Hausskn.
D'après l'herbier Boissier.
(2/3 de grandeur).

Pl. XXIII. — **Epilobium crassum** Hook.

D'après l'herbier de Berlin.   *D'après l'herbier de Saint-Louis.*

(Grandeur naturelle).

PL. XXIV. — **Epilobium tasmanicum** Hausskn.
D'après l'herbier de Saint-Louis.
(Grandeur naturelle).

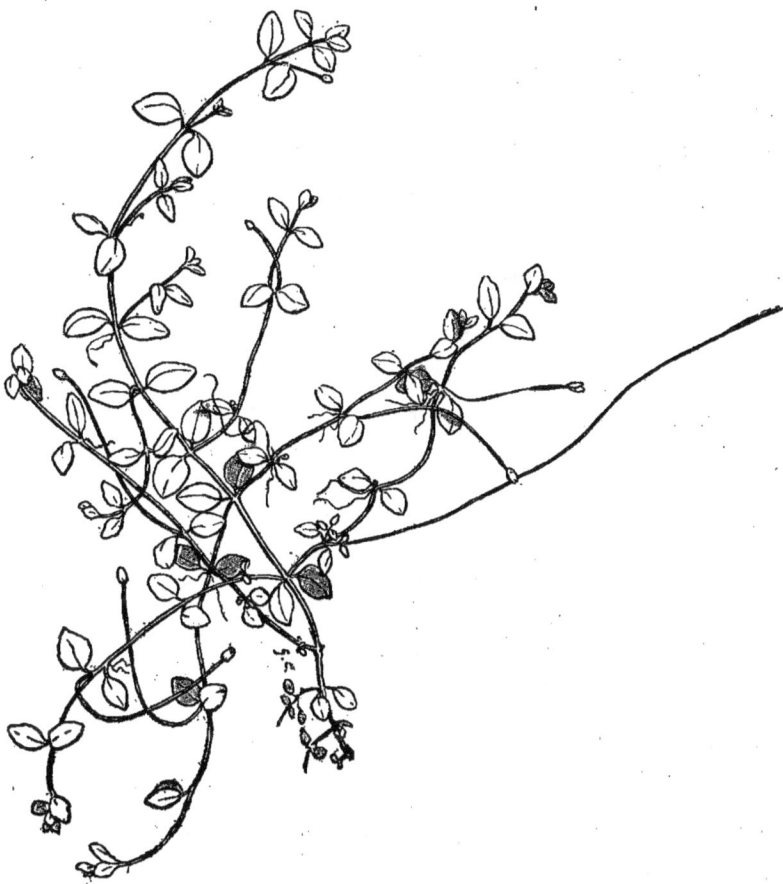

PL. XXV. — **Epilobium perpusillum** Hausskn.
D'après l'herbier de l'Académie de Géographie botanique.
(4/5 de grandeur).

PL. XXVI. — **Epilobium alsinoides** Cunningh.

D'après l'herbier de l'Université de Zürich.

(Grandeur naturelle).

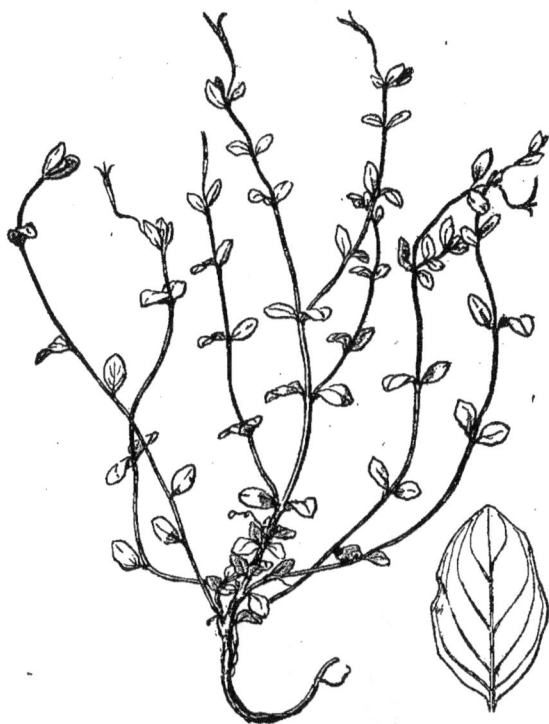

Pl. XXVII. — **Epilobium thymifolium** Cunningh.
D'après l'herbier de Kew.
(Grandeur naturelle).

3

PL. XXVIII. — **Epilobium Hectori** Hausskn.
D'après les herbiers de Bruxelles et de *Kew*.
(Grandeur naturelle).

Pl XXIX. — **Epilobium microphyllum** Less. et Rich.
*D'après les herbiers Boissier et de l'Académie de Géographie
botanique.*
(Grandeur naturelle).

Pl. XXX. -- **Epilobium confertifolium** Hook. **Epilobium tenuipes** Hook.
D'après l'herbier Boissier. *D'après l'herbier de Saint-Louis.*
(Grandeur naturelle). (Grandeur naturelle).

Pl. XXXI. — **Epilobium Krulleanum** Hausskn.

D'après l'herbier Boissier.

(Grandeur naturelle).

Pl. XXXII. — **Epilobium polyclonum** Hausskn.

D'après l'herbier Boissier.

(Grandeur naturelle).

Pʟ. XXXIII. — **Epilobium brevipes** Hook.

D'après l'herbier de Saint-Louis.

(Grandeur naturelle).

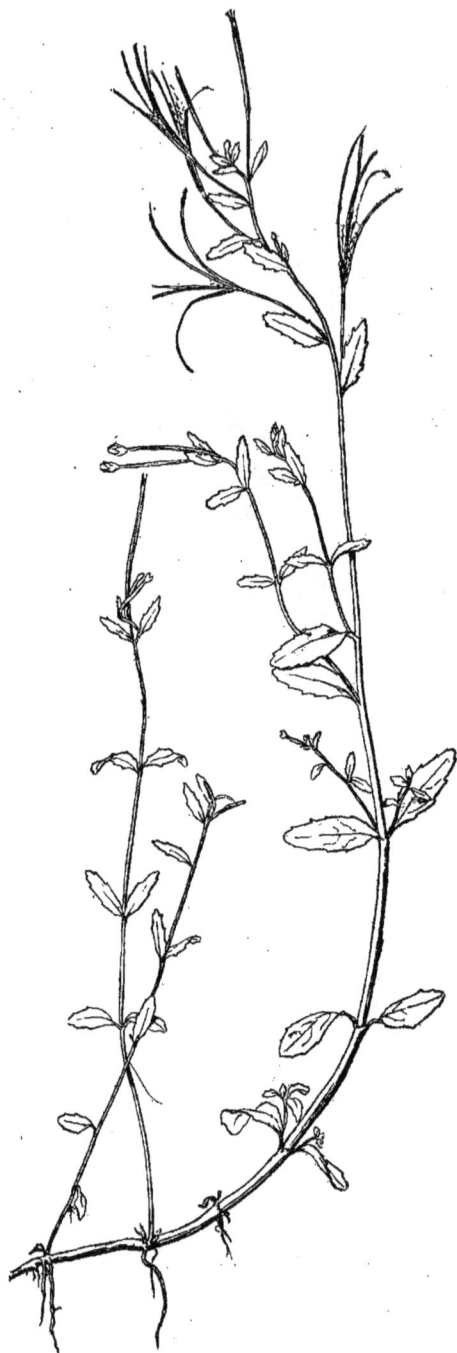

PL. XXXIV. — **Epilobium Novæ-Zelandiæ** Haussk.
D'après l'herbier de Saint-Louis.
(3/4 de grandeur).

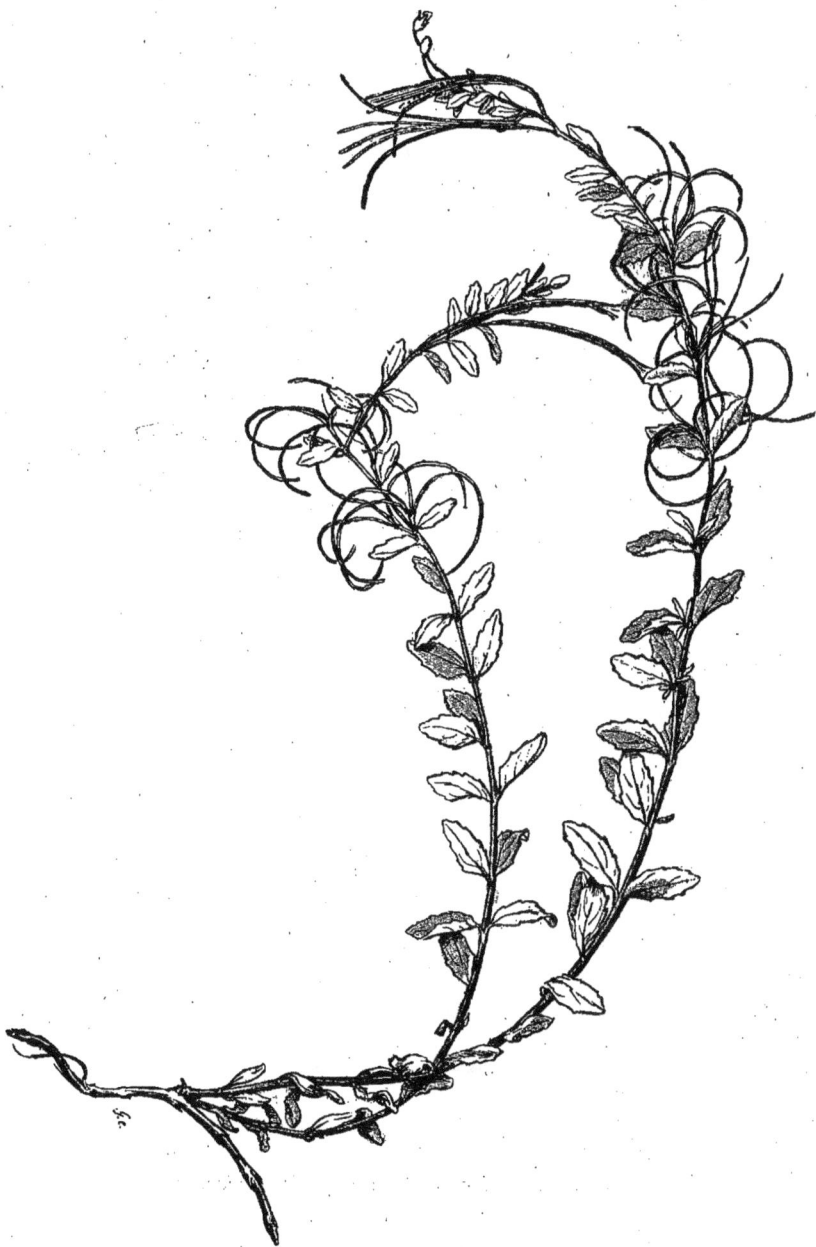

Pl. XXXV. — **Epilobium glabellum** Forst.

D'après l'herbier de Saint-Louis.

(3/4 de grandeur).

PL. XXXVI. — **Epilobium erubescens** Hausskn.
D'après l'herbier de l'Université de Zürich.
(Grandeur naturelle).

Pl. XXXVII. — **Epilobium pycnostachyum** Hausskn.
D'après l'herbier de Saint-Louis.
(Grandeur naturelle).

PL. XXXVIII. — **Epilobium junceum** Sol.

D'après l'herbier de l'Académie de Géographie botanique.

(3/4 de grandeur).

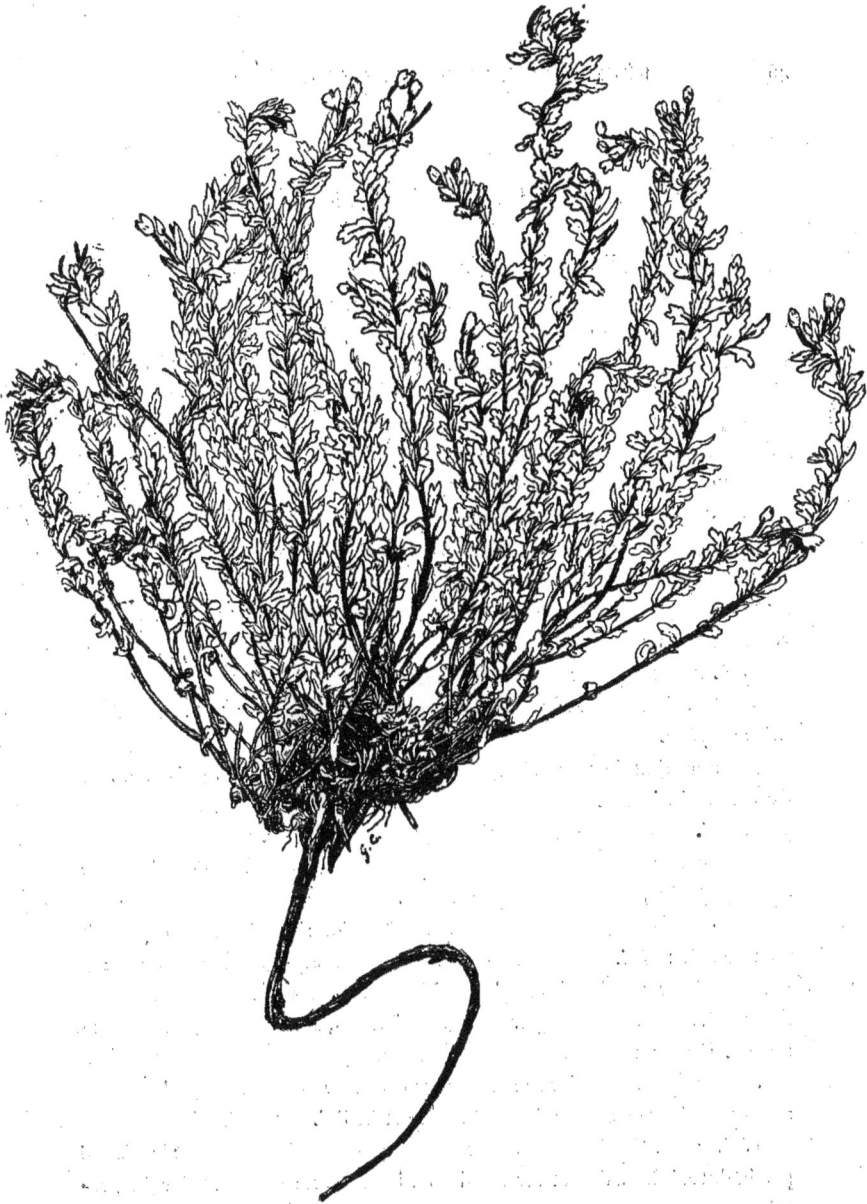

PL. XXXIX. — **Epilobium melanocaulon** Hook.

D'après l'herbier Boissier.

(4/5 de grandeur).

NOTE EXPLICATIVE

ᴇs Epilobes d'Océanie offrent ceci de particulier que toutes ces espèces sont spéciales à cette partie du monde et présentent en général, peu ou pas d'analogie avec ceux des autres contrées du globe. Seule l'Amérique offre dans sa partie méridionale et dans sa zone glacée du Nord, quelques formes affines.

La plupart des espèces sont bien caractérisées et facilement reconnaissables à leur aspect d'ensemble.

Nous nous bornerons à signaler aux botanistes australiens et néo-zélandais quelques rapprochements intéressants :

Les *T. Komarovianum, Boissierii* et *pedunculare* sont très voisins. Cependant le premier se distingue bien, à ses capsules épaisses, courtes, sessiles ou subsessiles; le second mêlé à l'*E. pedunculare* a les feuilles rondes et non anguleuses.

L'*E. rotundifolium* est un *linnæoides* dressé.

Le *diversifolium* et l'*insulare* sont très probablement deux formes d'une même espèce.

Il y aura lieu de rechercher si l'*E. erosum* est distinct spécifiquement du *Billardierianum*.

Les *E. tasmanicum* et *alsinoides* sont à rapprocher.

Le premier ne se différencie du second que par la brièveté des pédicelles de ses capsules, plus courts que la feuille.

Entre les *thymifolium, Hectori, microphyllum* la distinction s'établit comme suit : L'*E. Hectori* a les feuilles flasques et la tige verte souple : le *microphyllum* a la tige dure et les feuilles coriaces. Le *thymifolium* se distinguerait des précédents par ses graines lisses, si ce caractère avait de la valeur. Il n'en a malheureusement aucune.

Ses feuilles molles l'écartent du *microphyllum* et la longueur des entrenœuds le sépare en outre de cette espèce et de l'*E. Hectori*.

L'*E. confertifolium* et l'*E. Krulleanum* sont étroitement liés: le second par la dureté de sa tige et ses feuilles entières peut se différencier du premier.

Enfin les *E. Novæ-Zelandiæ, glabellum, erubescens, polyclonum, pyc-tachum* et *melanocaulon* forment un groupe très naturel.

Nous croyons bien faire en résumant dans le tableau suivant les caractères de ces espèces :

FEUILLES plus courtes que les entre-nœuds......... *E. Novæ Zelandiæ*

    FEUILLES plus longues que les entre-nœuds.

        TIGE et rameaux noirs................ *E. melanocaulon.*

        TIGE et rameaux rougeâtres ou verts.

            FLEURS cachées dans les feuilles imbriquées.............. ...... *E. pycnostachyum.*

            FLEURS bien visibles.

                FEUILLES sessiles ; plante rougeâtre à tige brune.... *E. erubescens.*

                FEUILLES pétiolées.

                  Inflorescence en corymbe ; feuilles presque marbrées.. *E. polyclonum.*

                  Inflorescence allongée...... *E. glabellum.*

Il est probable que ces formes ne constituent qu'une seule espèce.

Epilobes d'Afrique

Pl. XL. — **Epilobium capense** Buchinger.
D'après l'herbier Boissier.
(2/3 de grandeur).

PL. XLI. — **Epilobium biforme** Haussk.

D'après l'herbier de l'Université de Zürich.

(2/3 de grandeur).

Pl. XLII. — **Epilobium flavescens** E. Meyer.

D'après l'herbier Boissier.

(2/3 de grandeur).

PL. XLIII. — **Epilobium flavescens** E. Meyer.
D'après l'herbier de l'Université de Zürich.
(2/3 de grandeur).

Pl. XLIV. — **Epilobium Bojeri** Haussk.

D'après l'herbier de l'Université de Zürich.

(2/3 de grandeur).

PL. XLV. — **Epilobium jonanthum** Haussk.

D'après l'herbier de l'Université de Zürich.

(1/2 grandeur).

PL. XLVI. — **Epilobium Schimperianum** Hochst.
D'après l'herbier Boissier.
(3/4 de grandeur).

PL. XLVII. — **Epilobium stereophyllum** Fresen.
D'après l'herbier Boissier.
(2/3 de grandeur).

PL. XLVIII. — **Epilobium cordifolium** Richard.
D'après l'herbier de Kew.
(2/3 de grandeur).

PL. XLIX. — **Epilobium Kilimandcharense** Lévl.

D'après l'herbier Boissier.

(2/3 de grandeur).

PL. L. — **Epilobium fissipetalum** Steud.

D'après l'herbier Boissier.

(2/3 de grandeur).

Pl. LI. — **Epilobium natalense** Haussk.
D'après l'herbier de l'Université de Zürich.
(2/3 de grandeur).

PL. LII. — **Epilobium Mundtii** Haussk.
D'après l'herbier de l'Université de Zürich.
(2/3 de grandeur).

PL. LIII. — **Epilobium Schinzii** Lévl.
D'après l'herbier de l'Université de Zürich.
(1/2 grandeur).

PL. LIV. — **Epilobium salignum** Haussk.

D'après l'herbier Boissier.

(2/3 de grandeur).

5

Pl. LV. — **Epilobium neriophyllum** Haussk.

D'après l'herbier de l'Université de Zürich.

(1/2 grandeur).

Pl. LVI. — **Epilobium madagascariense** Lévl.

D'après l'herbier de l'Académie de Géographie botanique.

(1/2 grandeur).

NOTE EXPLICATIVE

ᴇs Epilobes de cette partie du monde sont assez distincts les uns des autres. Tel est le cas des *E. capense, biforme, Schimperianum, stereophyllum, natalense* aux curieuses dents en hameçon, *Mundtii* et *Schinʐii.*

Le *flavescens* avec ses fleurs jaunes est très caractérisé.

Le *Bojeri* se distingue bien du *jonanthum,* grâce aux dents très accentuées de ses feuilles d'ailleurs très élargies en leur milieu.

Les feuilles nettement cordées à la base ne permettent pas de confondre le *cordifolium* avec les *kilidmandcharense* et *fissipetalum.* Ce dernier se sépare de son voisin par ses feuilles pétiolées.

Les *salignum, neriophyllum* et *madagascariense* ne nous semblent former qu'une seule espèce. Le *neriophyllum* ne serait qu'une race à feuilles aiguës et plus étroites du *salignum* et aurait comme variété à feuilles courtes et surtout à pétales entiers le *madagascariense.*

A côté des endémiques, l'Afrique, contrairement à l'Océanie, renferme des espèces qui se retrouvent sur les autres continents.

Ce sont : *spicatum, hirsutum* avec de curieuses variétés à dents très marquées, *parviflorum, lanceolatum, tetragonum* et ses races (*Tournefortii, Lamyi, Gilloti*).

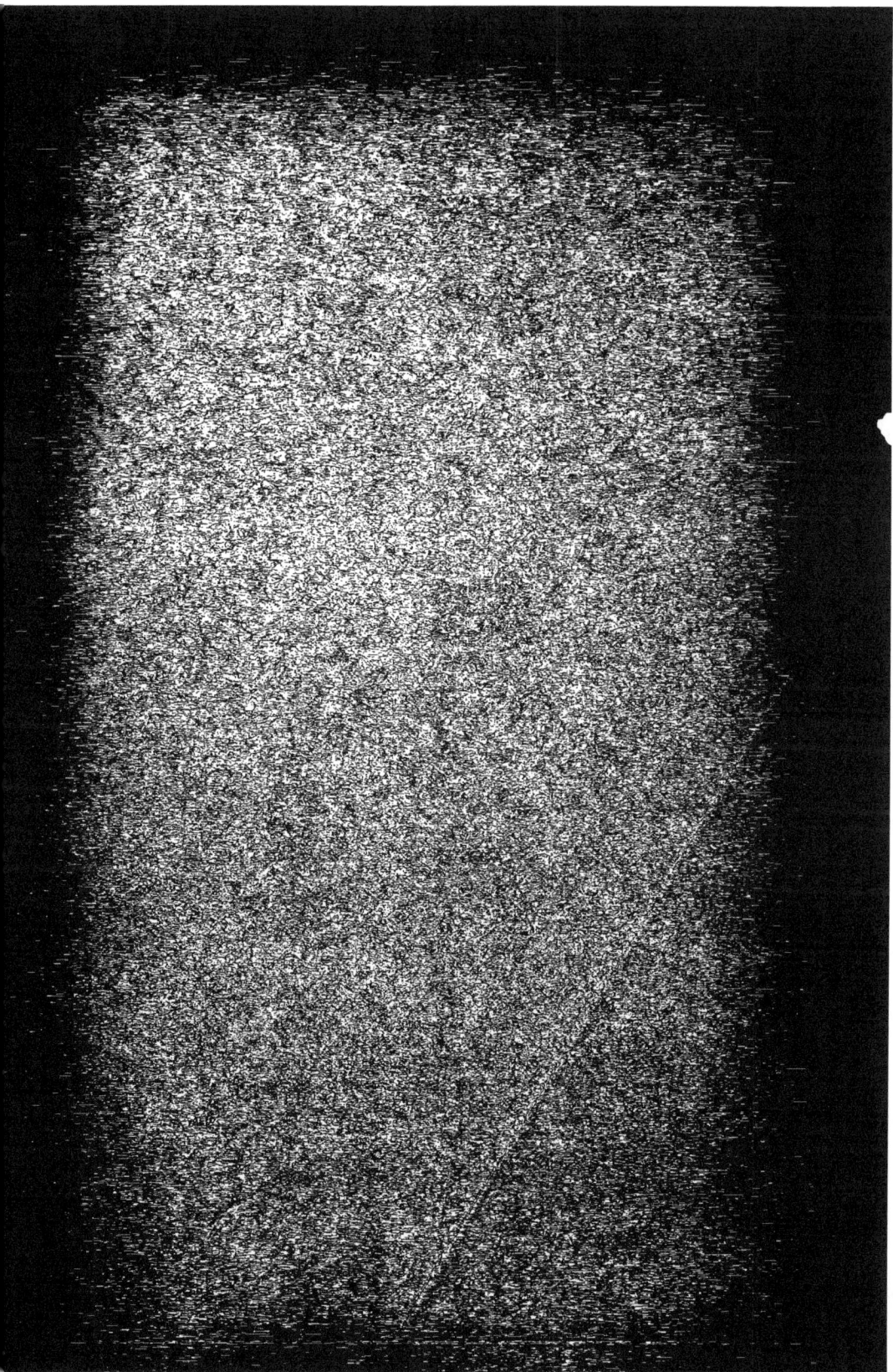

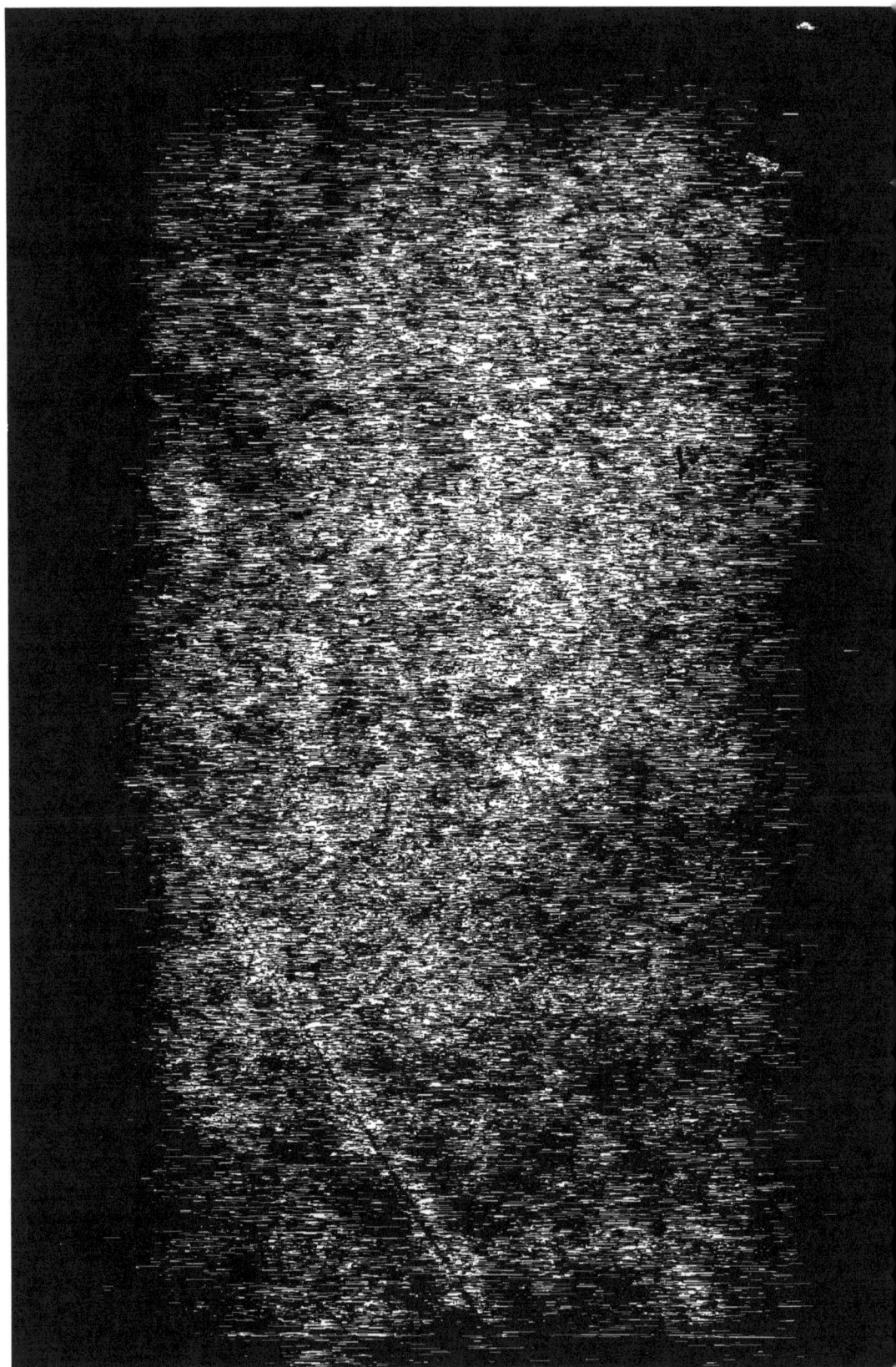

www.ingramcontent.com/pod-product-compliance
Lightning Source LLC
Chambersburg PA
CBHW071252200326
41521CB00009B/1728